嗷！我是镰刀龙

江　泓 著　哐当哐当工作室 绘

我叫白爪，是一只雄性镰刀龙，今年 16 岁，快成年了。我个头儿很大，体长已经有 6.5 米啦，臀高 2 米，体重约 2 吨。我们镰刀龙因前肢上像镰刀一样的大爪子而得名。

北京科学技术出版社

5月6日

一场突如其来的沙尘暴袭击了平原，而我所在的镰刀龙群当时正行走在平原上。漫天的沙尘让我睁不开眼，张不开嘴，我的耳边只有呼呼的风声……当沙尘散去，我发现平原上只剩下了我自己——我与其他镰刀龙走散了！

5月11日

爸爸妈妈找不到我肯定很着急，他们应该会回来找我的。想到这里，我决定在这里等他们。可是，我一连等了5天，也没见到他们的踪影。

我不能在这里坐以待毙，必须主动去寻找大部队。

尽管心里着急，但是我行走的速度仍然很慢。别看我们镰刀龙的每只脚上有四根脚趾，但这只是为了支撑我们沉重的身体，不是为了让我们跑得更快。

随着年龄的增长，我的肚子越来越大，体重也不断增加。奔跑对我来说已是奢望，我只能一步一步地缓慢前进。

5月20日

走了几天后，我终于发现了一个池塘。池塘边住着一群倾头龙，他们可是有着“铁头功”的恐龙。他们的头骨很厚，可以撞击敌人。我走过去想问问他们是否看到过我的家人，可他们非常警惕，一看到我靠近，就纷纷跑开了。

5月23日

长途跋涉让我觉得非常疲惫，所以我在池塘边休息了几天。昨天夜里，我趴在桫椤下睡觉，半夜却被一阵阵嚎叫声惊醒了！从声音判断，不远处有其他恐龙在争斗，他们的叫声实在太恐怖了，吓得我战战兢兢地趴在地上，连头都不敢抬。

当太阳升起时，我小心翼翼地站起来，观察着四周的情况。

在池塘边的沙地上，一只倾头龙躺在那里，一动不动。几只恶灵龙正在吃他的肉，正是他们杀死了倾头龙。我得在恶灵龙发现我之前尽快离开这里。

5月25日

今天，我在平原上遇到了一大群栉龙，他们属于鸭嘴龙科，是性情温和的大家伙。我看到几只小栉龙在他们的妈妈身边跑来跑去，想起了自己也曾经这样在妈妈身边跑，不禁黯然神伤。不知道我的妈妈现在在哪里，她是不是也在想念我呢？

一只栉龙走了过来，主动跟我打招呼，问我为什么落单了。我告诉他自己与家人失散了，正在寻找其他镰刀龙。听到这里，栉龙突然眼睛一亮，告诉我四天前他还遇到了一群镰刀龙。他给我指明了方向，让我抓紧时间追赶。

　　我独自行走在广袤的平原上，并坚信镰刀龙群就在前方。这时候，一群长腿的似鸡龙从对面跑了过来，我跟他们打招呼，想问问前面的情况。可他们跑得太快了，我还没来得及说什么，他们就没了踪影。

中午的阳光有些刺眼，我躲到树荫下休息。几只格日勒鸟落在我背上，钻到我的羽毛下面，弄得我好痒。爸爸曾经告诉过我，格日勒鸟会帮助我们镰刀龙清理身上的寄生虫，能让我们保持健康。于是，我没有管他们，只是静静地看着他们在我身上钻来钻去。

5月27日

今天，我正在吃树叶，一只年老的多智龙晃晃悠悠地走过来，求助似的看着我。我知道他想吃高处的树叶，但是够不到。于是，我就折了几根满是树叶的树枝给他。多智龙非常感激我，和我聊了一会儿。他告诉我西边有一处干涸的河滩，那里前几天有恐龙的脚印，建议我去看看。

我按多智龙的指引来到了河滩上，果然看到好多恐龙脚印。我低头找了一会儿，惊喜地发现了镰刀龙的脚印，其中两排很像爷爷的。因为爷爷年老体弱，腿脚已经不听使唤，走起路来一瘸一拐的，所以他的脚印总是一个浅一个深。看到这些脚印，我更加坚定了自己的信念。我一定要找到我的家人！

今天，我沿着脚印正向前走，突然，我听到身后传来急促的脚步声，转头一看，是前几天遇到的那群似鸡龙，他们正在拼命奔跑。有一只分支龙正在追赶他们。分支龙看到我后，迅速改变了目标，向我冲了过来！

凶猛的分支龙挡住了我的去路，张开血盆大口，露出了锋利的牙齿。我害怕极了，急中生智，想起了爸爸用镰刀一样的大爪子保护我时的样子。我学着爸爸的样子，挥舞着大爪子冲了上去，竟然击中了扑上来的分支龙。

受伤的分支龙逃走了，而我，也第一次在战斗中学会了如何使用自己的大爪子。

连续走了好多天后，我来到了平原与荒漠的交界处，此时，我身后是一片生机勃勃的绿色植物，面前却是漫无边际的黄沙。进入荒漠，意味着很难找到食物和水，这让我很犹豫。但直觉告诉我，镰刀龙群肯定穿越了荒漠，因为在荒漠那一边有水草丰美的栖息地。于是，我鼓足勇气踏入了荒漠。

行走在荒漠之中，真是一种煎熬。我的身体完全暴露在阳光下，我甚至能感觉到体内的水分在不断蒸发。荒漠里没有路标，我必须找到向导，以免迷路。所以，我跟在了一群纳摩盖吐龙身后。他们经常穿越荒漠，对荒漠了如指掌。

6月6日

今天，在满眼黄色的荒漠中，我竟然看到了绿色的灌木丛。正当我小跑过去，打算饱餐一顿时，一只耐梅盖特母龙突然从灌木丛后面冲了出来。虽然这只雌性耐梅盖特母龙比我的个头小得多，但是她一点儿也不怕我，不断挥舞着前肢上的爪子，摆出拼死一搏的架势。

我有些疑惑地伸长脖子看了看，结果看到了灌木丛中的巢穴。原来，她是在保护自己还未出生的小宝宝啊。我又想到了妈妈，决定不打扰耐梅盖特母龙的宝宝们了。

6月10日

忍受了好多天的饥饿和干渴，我终于走出了荒漠，来到了一个湖泊前。我很熟悉这个湖泊，因为我跟着家人们来过很多次。我曾经因为贪玩误入深水，后来被高大的爸爸捞了回来。

6月11日

穿越荒漠可把我累坏了。在湖边吃饱喝足后，我便找了一块巨石，躲在石头下面进入了梦乡。在梦里，我回到了小时候，和兄弟姐妹们围在妈妈身边听故事。我睁开眼睛的时候，才知道这一切都是梦。我好想大家啊。

6 月 12 日

今天，我正在湖边喝水，却遇到了一只同样来喝水的特暴龙。特暴龙是顶级杀手，能轻松杀死已成年的镰刀龙，对付我更是轻而易举。特暴龙盯着我，我能感觉到他眼神中的杀气。我很绝望，因为这时逃跑显然来不及了。

危急关头，几只恐手龙从湖里走了过来。高大的恐手龙将我护在身后，一边怒吼，一边挥舞着大爪子吓退了特暴龙。我刚要感谢他们的救命之恩，他们却忙不迭地告诉我，以前他们曾经被镰刀龙救过，所以才会帮助遇到危险的镰刀龙。

恐手龙指引着我，沿湖边前进。途中几只小恐手龙非要我给他们讲故事，我就将自己寻找家人的经过讲了一遍。小家伙们都说我很勇敢。

6月13日

恐手龙找来一只翼龙。他告诉我镰刀龙群就在附近，最多走一天就能到达，他愿意给我做向导。听到这个消息，我开心极了，急忙谢过这些恐手龙，和他们道别——我迫不及待地想去找我的家人。

6月14日

一阵阵熟悉的叫声从前面的树林中传来。我加快脚步穿过树林，终于看到了一个个熟悉的身影。

终于……

我奋力朝前奔去！

镰刀龙

镰刀龙因前肢上如同镰刀般的大爪子而得名，不过这些大爪子最早被误认为巨海龟的爪子，因为这些大爪子可以切断水草。

镰刀龙的大爪子显然不是用来切断水草的，而是用来防御敌人的。别看它们个头很大，但是依然会遇到很多危险，尤其是遭遇特暴龙的时候。镰刀龙遇到劲敌时，会用前肢上的大爪子进行防御，效果还是不错的。

镰刀龙与特暴龙都是兽脚类恐龙。绝大多数兽脚类恐龙都是肉食性恐龙，但镰刀龙是其中的另类。它们不吃肉，以植物为食。

吃植物的镰刀龙个头很大，有着圆滚滚的肚子。这样的体形让镰刀龙的行走速度非常慢。不过，它们迈出的每一步都非常稳。

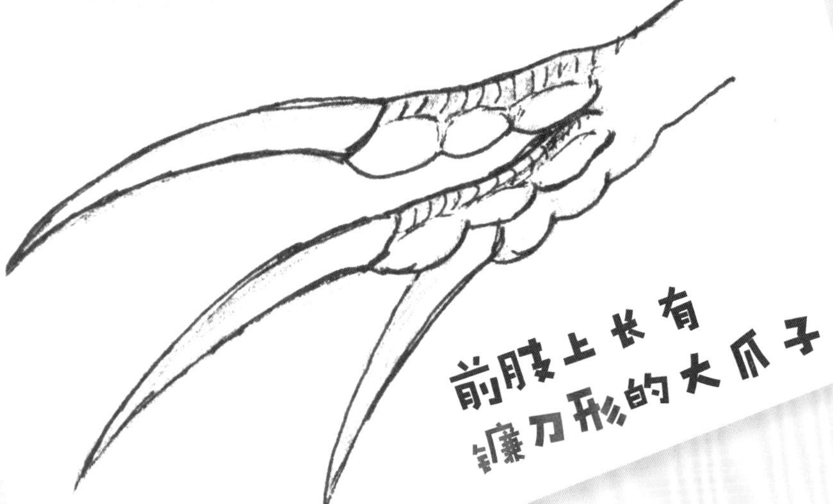

以植物为食，嘴巴前面有角质喙

尾巴上有羽毛

作者：江氏小盗龙·江弘

2020.4.12

将此书献给我的光与小天使：李泽慧、江雨橦

——江泓

“独自面对困难的时候，也要沉着坚定！”

白爪

6月14日

图书在版编目（CIP）数据

嗷！我是镰刀龙 / 江泓著；哐当哐当工作室绘. —北京：北京科学技术出版社，2022.3
ISBN 978-7-5714-1771-0

Ⅰ. ①嗷… Ⅱ. ①江… ②哐… Ⅲ. ①恐龙－少儿读物 Ⅳ. ① Q915.864-49

中国版本图书馆 CIP 数据核字（2021）第 171267 号

策划编辑：代　冉　张元耀
责任编辑：金可砺
营销编辑：王　喆　李尧涵
图文制作：沈学成
责任印制：李　茗
出 版 人：曾庆宇
出版发行：北京科学技术出版社
社　　址：北京西直门南大街 16 号
邮政编码：100035
ISBN 978-7-5714-1771-0

电　　话：0086-10-66135495（总编室）
0086-10-66113227（发行部）
网　　址：www.bkydw.cn
印　　刷：北京盛通印刷股份有限公司
开　　本：889 mm × 1194 mm　1/16
字　　数：28 千字
印　　张：2.25
版　　次：2022 年 3 月第 1 版
印　　次：2022 年 3 月第 1 次印刷

定　　价：45.00 元